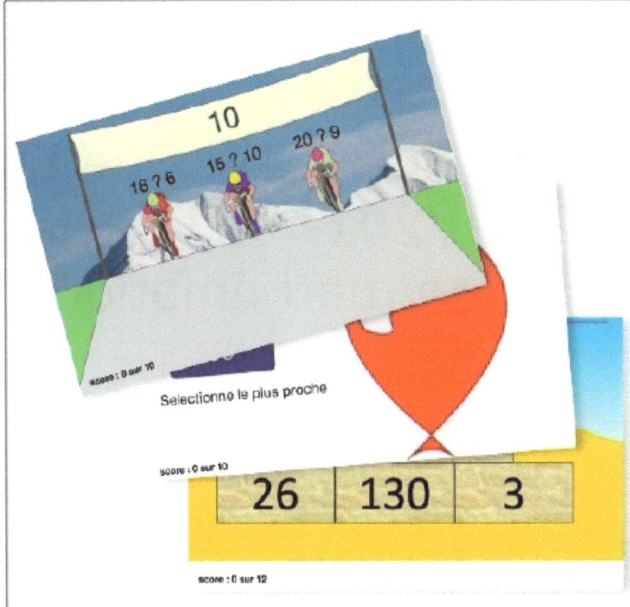

Diplôme
décerné à :
ECOLE
COLLEGE HONORE DAUMIER
601
Catégorie :
Mention : Très bien

Pour ses résultats obtenus à l'édition 2016 du rallye de calcul mental

Les inspecteurs de l'Education Nationale
Catherine De-Revière
Emmanuelle Jacquier
Régis Leclercq
Thierry Mercier

Voici un échantillon des travaux des élèves de 601 de cette année scolaire 2016/2017 au collège Honoré Daumier de Martigues, en mathématiques.

Ce fut une belle année, riche et intéressante et j'espère que vous aurez plaisir, dans quelques temps, à regarder ces images et à vous souvenir.

Merci !

Myriam Gineste

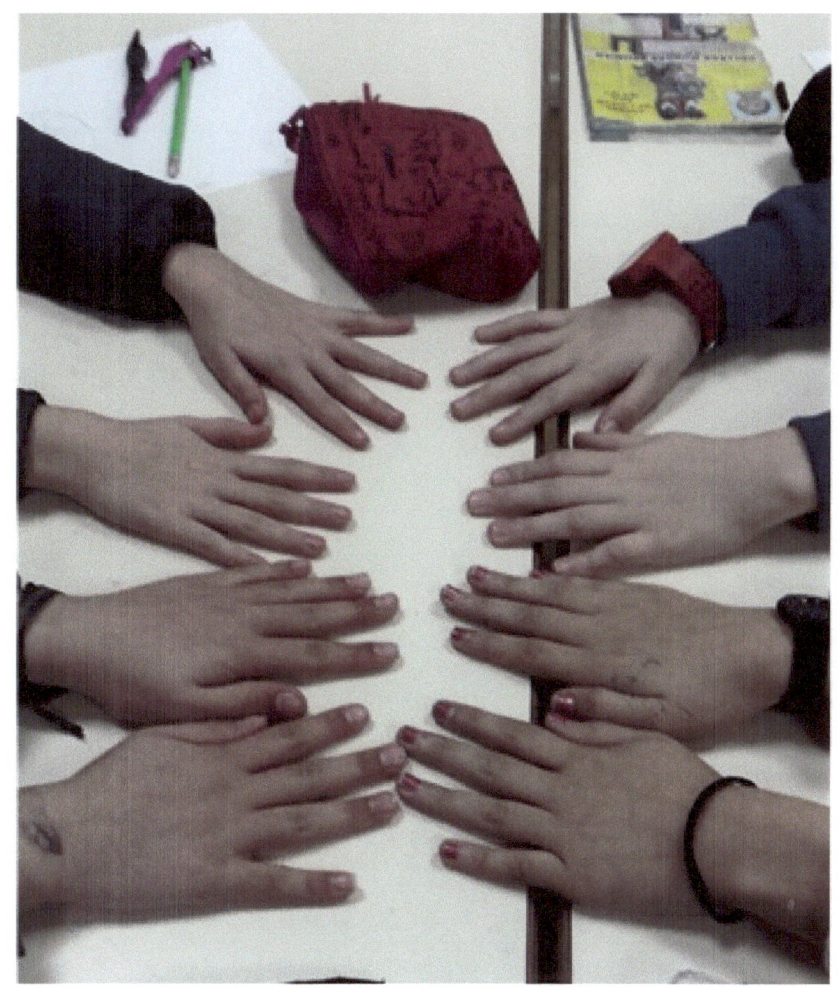
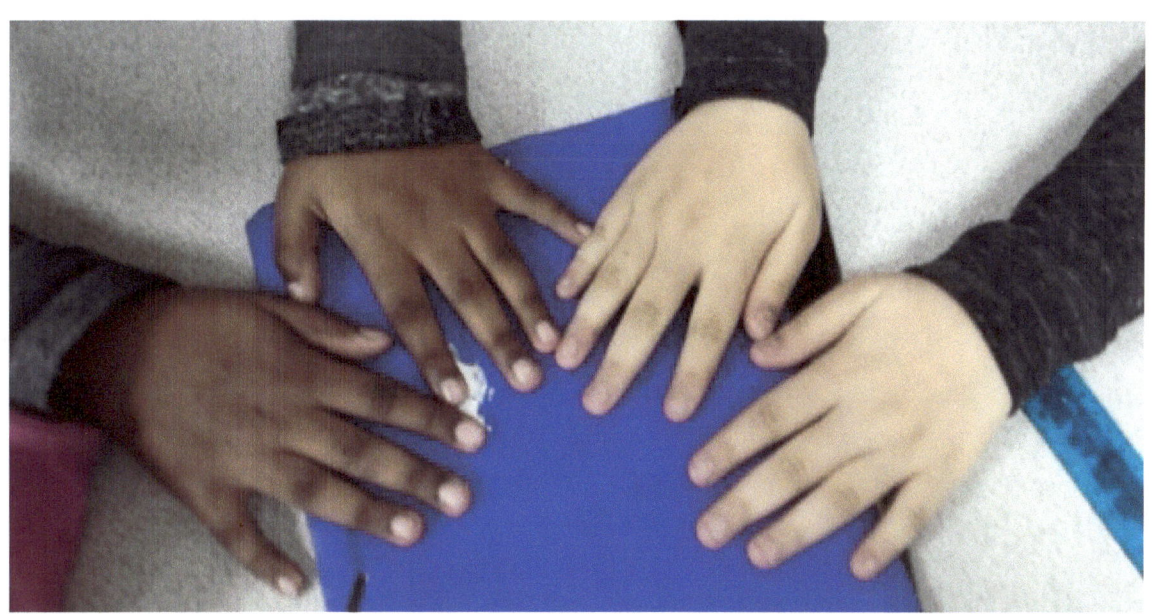

L'extra-terrestre et l'humain – Nabil Boukelkoul

Il était une fois, un extra-terrestre encore jamais vu sur Terre, qui débarque en soucoupe volante dans la cour d'un collège qui s'appelle « Honoré Daumier ».

C'était le soir quand les collégiens disparurent, il restait Mme Gineste qui avait terminé ses copies et qui sortit enfin du collège.

Elle vit l'extra-terrestre une première fois mais elle ne savait pas à qui elle avait affaire.

Mme Gineste s'approcha tout doucement, quand elle vit une silhouette humanoïde, elle eut soudain froid dans le dos et elle n'osa plus rien faire.

Cinq minutes plus tard, elle lui parlait comme si c'était un vieil ami. L'extra-terrestre lui raconta qu'il avait été abandonné par sa famille et que les autres humains avaient peur de lui.

L'établissement de travail – Samuel Aubert

Le collège, c'est la vie
L'ombre des boogies
Quand on aime des profs
On déteste les catastrophes
Quand on respecte les règles
On n'est pas aveugles
Quand on est intelligent
On n'est pas rageant

Les Maths, le français
Il y a toujours des heures de colle pour nous garder
1 ; 2 ; 3 ; 4 ; 5 ; 6 ; 7 ; 8 ; 9 ; dix
On a en anglais une miss
What's your name
I play a game
2017
On n'est pas en 6ème 7
La cour
Ce n'est pas une tour
Le calcul
C'est pas des bulles

Morgane Succart

Le tableau s'efface mais on y laisse des traces.
Il s'est passé plein de choses mais je te pardonne, si tu me pardonnes est-ce qu'on peut repartir ? Les traces du passé n'y seraient pas.
Dans une maison il y a eu des choses dangereuses. Il faut que je fasse attention à cet entourage. Il y a eu des problèmes graves qui ne sont pas réglés mais, en tout cas, je sais que je serai toujours là pour toi.
Après quelque temps, je n'ai plus eu de nouvelles de toi, tu sais que tu peux tout me dire, en tout cas ; je suis là !!!

Après quelque temps dans cette maison, il y eut du paranormal, une preuve très surprenante sur une vidéo le choque !
Une forme était apparue derrière ma sœur, comme par hasard. Juste avant, elle avait vu un homme blanc dans le jardin. De peur, elle s'est filmée et c'était une créature qui était apparue.

Quelque temps plus tard, en ouvrant la porte, le fantôme eut peur de nous et cria. Nous avons couru jusqu'en haut mais, arrivés à la dernière marche, il me pousse, alors que je me tenais à la barre, jusqu'à ce que ma tête arrive à deux centimètres de la marche.

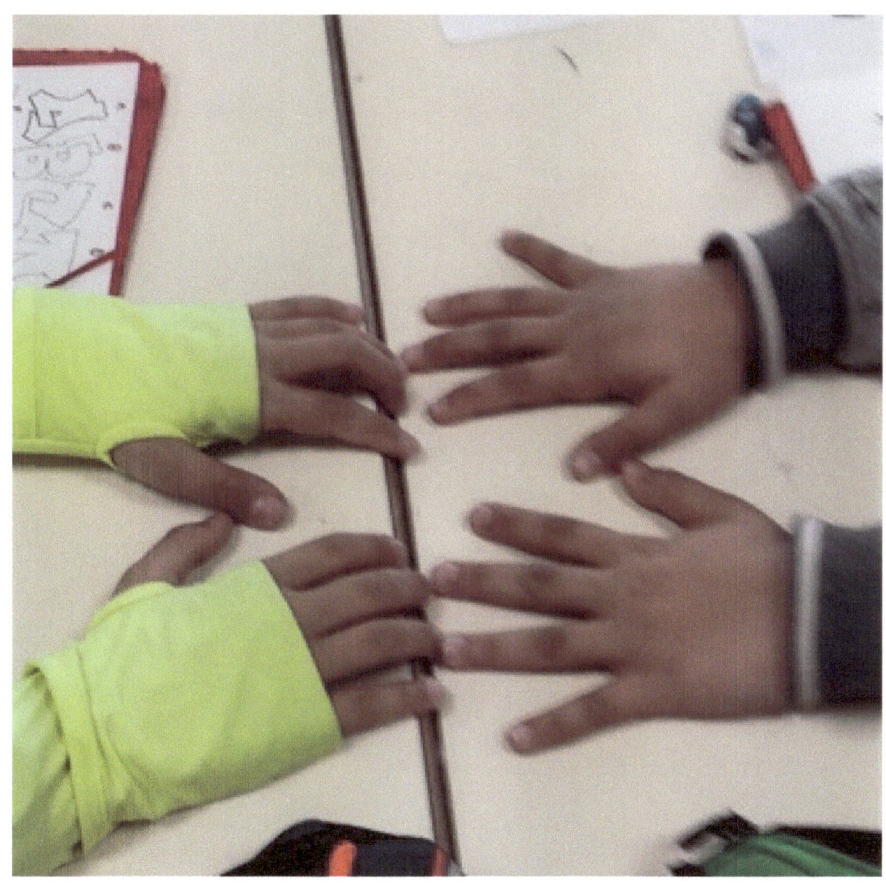

L'histoire de Noël – Olivia Oxisoglou

Il était une fois, une petite fille qui adorait Noël, car elle aimait beaucoup avoir des cadeaux et, pour Noël, elle voulait aller à Disneyland à Paris. Le soir même, elle alla se coucher.

Le lendemain, elle alla voir sous le sapin mais elle ne trouva rien, à part une personne assise qui avait une longue barbe et un costume rouge et blanc. Elle s'approcha et comprit que c'était le Père Noël. Elle demanda pourquoi et comment il était arrivé là.

Il répondit : « Ben, par la cheminée et, tiens, c'est pour toi ! »

« C'est pour moi ? »

« Oui, oui, tiens. »

Elle ouvrit et…

Ouah ! Une place pour aller à Disneyland. Elle était la plus contente des petites filles. Elle partit sur le champ et prit le premier TGV. Elle arriva mais se perdit un peu car il y avait beaucoup de monde à la gare. Mais, au bout d'un moment, elle trouva la sortie. Elle avait enfin vu la lumière du jour.

Mais, à partir de ce jour-là, la petite princesse, qui s'appelait Emma, eut toujours une bonne vie.

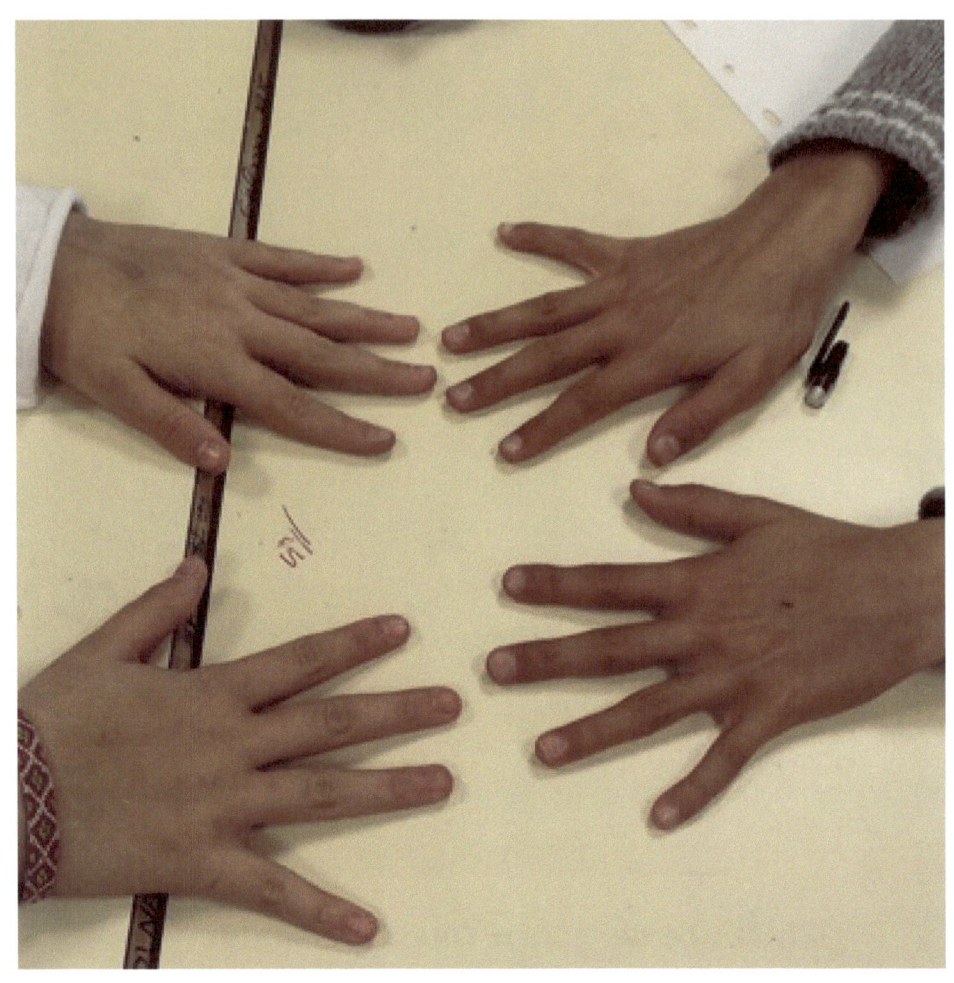

Il était une fois – Rosalie Rosea

Il était une fois, une fille qui vivait dans la forêt et, un jour, elle chanta merveilleusement bien, dans sa cabane avec ses amis les animaux. En chantant et créant son prince idéal, elle lui donna le nom de Nicolas.

Après, le prince Louca faisait la chasse aux ogres dans la forêt et entendit une magnifique voix de princesse. Donc le prince et l'ogre suivirent la magnifique voix et virent une cabane où il y avait une princesse. L'ogre attaqua la cabane, alors le prince vint au secours de la princesse qui s'appelait Thaïs et ils tombèrent amoureux. Un mois plus tard, ils se marièrent et firent des enfants.

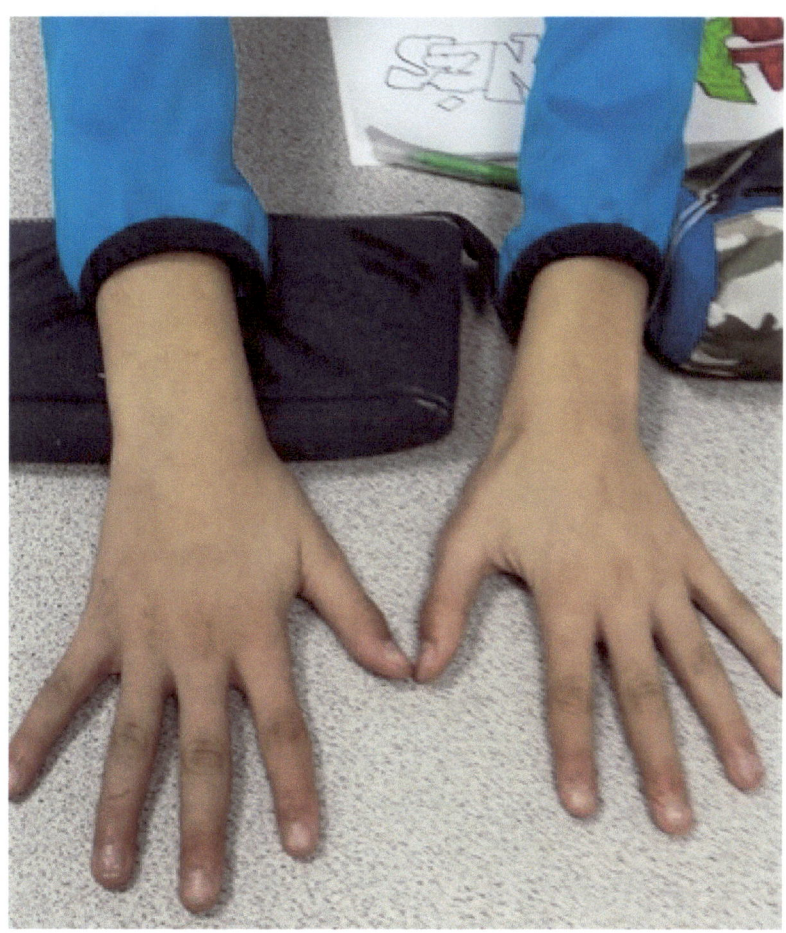

Bastien Deroche

Il était une fois une princesse qui se retrouva dans une arène. Elle se dit : « Qu'est-ce que je fais ici ? »

Soudain, un roi arriva avec une armure et un arc qu'il lui donna et il lui dit : « Il faut que tu m'aides à vaincre le roi ennemi et son ordre de gargouilles. »

Elle enfila l'armure et se munit de l'arc. Elle prit trois flèches en même temps et les enflamma. Elle tira et tua toutes les gargouilles en même temps. Elle dit : « Mais, pourquoi moi ? »

« Parce que tu es une légendaire. »

« Une quoi ? »

« Une légendaire, une des plus fortes personnes de mon deck. » dit le prince. « Par exemple, une épique est la deuxième personne la plus forte et l'électro-sorcier est aussi un légendaire. »

« Et lui, c'est quoi ? », dit-elle en montrant un personnage du doigt.

« C'est un sorcier de glace, aussi un légendaire. »

« Ah, ok. »

« Les barbares, par contre, sont des cartes communes. »

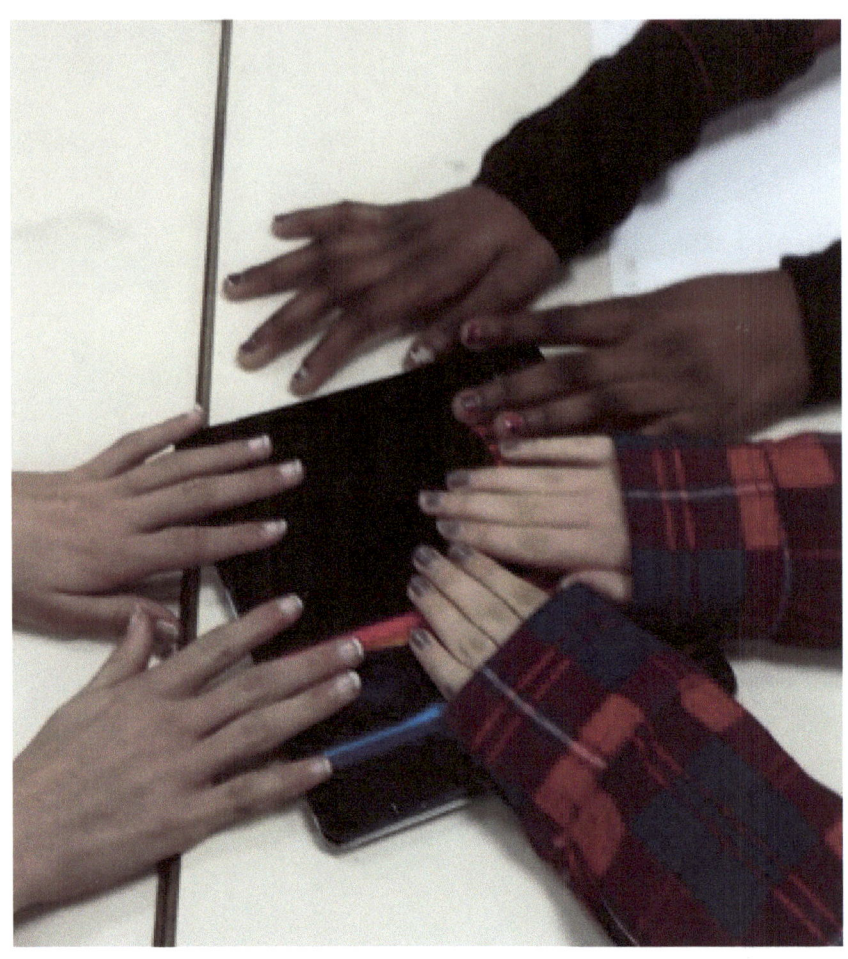

Halloween – Kenza Helimi

C'est l'histoire d'une petite fille qui détestait Halloween parce qu'un jour, un homme avait tenté de la tuer avec une hache. Mais son père avait tenté de l'empêcher de la tuer, mais s'était fait tuer à sa place.

La petite fille avait tout raconté à la police mais elle n'avait pas pu le décrire car, avec la peur, le stress et tout ça, elle avait fait un malaise en voyant son père mort devant elle.

Fréderic Dugied

Il était une fois, une horloge qui donnait l'heure. Elle avait deux aiguilles. Des fois, il était une heure, des fois deux heures ou, même, des fois, trois heures et le mieux, c'était quand il était quatre heures. Après, il était cinq heures et aussi, des fois, six heures et, même, des fois il était sept heures.

Enfin, c'était une horloge qui donnait l'heure et qui avait deux aiguilles. Mais, un jour, elle n'avait plus de pile. Tout le monde était paniqué et là, tout à coup, Superman arriva avec des piles. Mais, tout à coup, Batman arriva et tua Superman et les piles furent perdues à tout jamais.

Adem Reguig Berra

J'étais parti au cinéma. J'ai regardé « Tempête de boulettes géantes ». Il était bien. Je vous raconte l'histoire :

Il était une fois un petit scientifique qui créait des choses mais il manquait toujours quelque chose. Puis, il est devenu plus grand, il avait un compagnon qui s'appelait Steve. Puis, un jour, il commença à créer une machine qui transformerait l'eau en nourriture. Puis, il la testa dans son laboratoire et il n'y avait pas assez d'énergie. Il est alors allé dehors, vers un poteau électrique. Il testa sa machine mais il y avait de la vitesse et il s'envola. Il pensait avoir échoué.

Puis, il y avait une personne qui faisait des reportages et, d'un coup, il pleuvait de la nourriture. Le temps passa et il faisait pleuvoir de la nourriture de plus en plus grosse. Et puis, le frame, il y eut une tempête de boulettes géantes qui risquait de détruire la ville. Il devait arrêter le générateur pour qu'il arrête de pleuvoir de la nourriture.

Mais le maire de la ville voulait qu'il continue à pleuvoir de la nourriture et c'est lui qui faisait fonctionner le générateur. Le scientifique, Steve, la reporter et son assistant partirent pour détruire le générateur grâce à une voiture volante qu'il avait créée.

Mphschtrous – Nicolas Papelard

Il était une fois des grands êtres rouges hauts comme trois arbres. Ils étaient venus au monde grâce à leur pire ennemi, Gorgomel. À chaque fois qu'il éternuait, il disait Mphschtrou, ce qui invoquait un être rouge. Du coup, Gorgomel les détestait, donc, ils étaient rivaux. Gorgomel avait un chien pas très intelligent.

Un jour, les Mphschtrous étaient en repos dans leur rocher. Gorgomel les attaqua. Les Mphschtrous, qui étaient six fois plus grands que lui, étaient donc plus forts. Donc Gorgomel décida de se chatouiller pour éternuer et faire apparaître des Mphschtrous et les faire venir de son côté pour attaquer les Mphschtrous déjà existants, car ils cachaient un trésor énorme.

Gorgomel gagna et reçu le trésor et devint riche. Gorgomel se renomma Adrien et épousa Torbjorn. Ils eurent beaucoup d'enfants.

Un singe – Adrien Gomez

Il était une fois un singe qui ne savait pas grimper aux arbres.

Un jour, il voulut quand même essayer, mais il tomba et l'hôpital des singes dût le récupérer.

Il avait une côte cassée donc il est resté une semaine à l'hôpital et décida de ne plus essayer de grimper aux arbres sans être protégé par un harnais rattaché à une corde de secours.

Hooked – Alexandre De Nunzio

Il était une fois un monsieur qui avait des lunettes rondes. Il aimait les carottes râpées et il mangeait des courgettes tous les jours.

Il avait des ennemis qui s'appelaient Overwatch.

Il s'appelait Coulamanalipapousi et avait trente-huit ans.

Il avait deux frères qui avaient vingt-huit et trente-deux ans. Ses deux frères s'appelaient Hanzo et Genji.

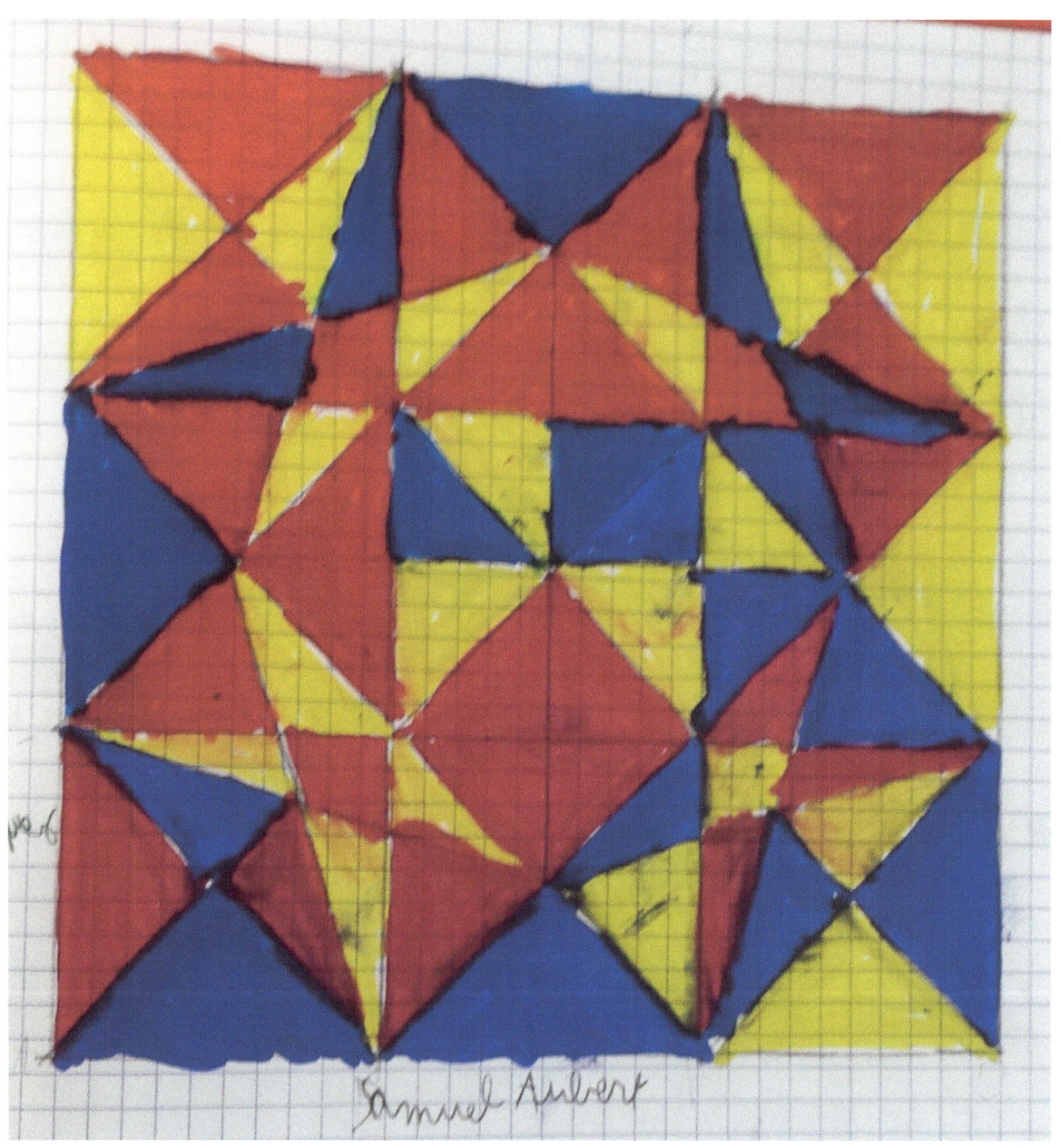

Inès Chelhaoui

Il était une fois l'histoire d'une petite fille entourée d'amies formidables.

Mais il y avait une fille qu'elle aimait, le seul problème, c'est que, toutes les deux ne se connaissaient pas. Deux mois plus tard, les deux jeunes filles se voyaient.

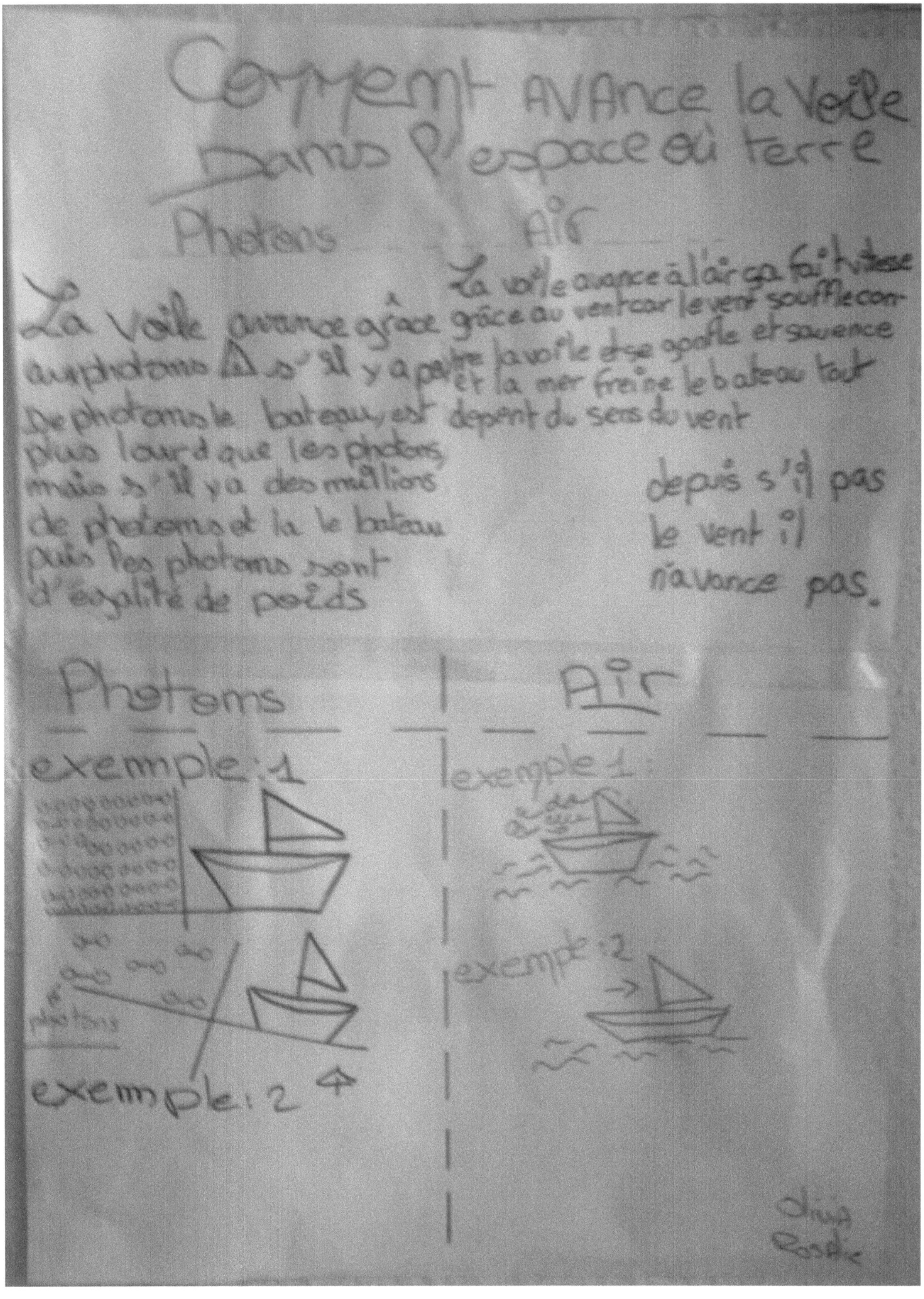

Comment avance la voile dans l'espace ou terre

Photons

La voile avance grâce aux photons. S'il y a peu de photons le bateau est plus lourd que les photons mais s'il y a des millions de photons et là le bateau puis les photons sont d'égalité de poids

Air

La voile avance à l'air ça fait vitesse grâce au vent car le vent souffle contre la voile et se gonfle et s'avance et la mer freine le bateau tout dépend du sens du vent

depuis s'il pas le vent il n'avance pas.

Photons

exemple 1

exemple 2

Air

exemple 1

exemple 2

Delphine Ay

Il était une fois, une mère qui obligeait sa fille à faire de la danse classique car sa fille se comportait comme un garçon. Elle traînait avec des personnes pas très sympathiques qui volaient des bonbons.

Sa mère pensa que si elle commençait à faire du classique, elle serait plus élégante et se ferait des amies beaucoup mieux que les autres et prendrait exemple sur elles.

Un jour, sa fille, Camille, partit à la danse et vit une bande de personnes qui faisaient des spectacles de hip-hop pour gagner de l'argent et aussi pour montrer leur talent.

Camille regarda un bon moment et ne voulut pas partir à la danse. Le spectacle était fini, Camille partit voir la bande et leur dire qu'ils étaient très talentueux.

Une personne de la bande demanda à la fille de les accompagner, car ils étaient en répétition, et lui dit qu'elle pouvait participer. La fille n'a pas hésité et a dit oui. Elle se dit : « De toute façon, ma mère pense que je suis à la danse classique, donc pas de problème. »

Tous les jours, elle partait à la danse, sa mère ne comprenait pas, d'un jour à l'autre, sa fille partait tous les jours à la danse. Donc la mère décida de suivre sa fille et vit qu'elle ne partait pas à la danse classique mais partait faire du hip-hop avec ses amis.

Ce jour-là, la bande proposa à la fille de faire le spectacle de danse avec eux. La fille avait assisté à tous les entraînements, donc elle n'a pas pu refuser.

Le spectacle commença, Camille et la bande dansaient si bien. Sa mère vit le talent de sa fille et la félicita et dit : « Camille, je ne savais pas que tu aimais beaucoup le hip-hop et que tu dansais si bien. Je suis désolée de t'avoir obligée à faire du classique. Je ne te gronde plus, tu dois faire l'activité que tu aimes. »

« Merci beaucoup maman. »

Et l'histoire fut bien finie.

Les frères samouraïs – Alae Khelifi

Il était une fois un petit garçon qui s'appelait Yoku et son frère qui s'appelait Kaï. Ils étaient dans une forêt où il y avait leur cabane préférée. Ils étaient fans de samouraïs et voulaient en devenir un.

Sortant de la cabane, ils virent deux voleurs qui essayaient de voler le sac d'une mamie, alors Yoku courut et frappa le premier voleur pendant que Kaï donnait un coup de pied au deuxième voleur. Les deux garçons sauvèrent la vieille dame.

Le lendemain, Yoku et Kaï allèrent à l'école et rentrèrent dans la classe. Tous les élèves et la maîtresse applaudissaient Kaï et Yoku, car l'éclaireur du roi avait prévenu que les deux garçons avaient sauvé la mère du roi.

Yoku dit : « Qu'est-ce qu'il se passe ici ? »

La maîtresse lui répondit : « Vous avez sauvé la mère du roi Yokochima. »

Un élève de la classe leur dit : « Vous êtes devenus des samouraïs ! »

Yoku et Kaï étaient vraiment contents et un autre élève de la classe leur dit : « À ce qu'il paraît, vous allez devenir les deux seuls garçons samouraïs du royaume et vous allez protéger le roi comme des gardes du corps. »

Yoku sauta de joie. Kaï et Yoku ont réalisé leur rêve d'être des samouraïs du royaume.

Une nouvelle recrue – Walae Khelifi

Il était une fois un garçon qui s'appelait Ken et son animal Ryu. Il était fan des Gardiens de la Galaxie. Avec ses amis, Ken décide de fabriquer des armures identiques à celles du film. Ils passèrent des jours et des jours à fabriquer les armures qu'ils rêvaient d'avoir.

Quand il termina, ils la mirent, lui et Ryu, et, tout d'un coup, ils furent transportés sur une autre planète. Ken se rappela qu'il avait déjà vu cette planète dans le passé. Il était fou de joie, c'était celle des Gardiens de la Galaxie.

Il les trouva, dans l'équipe, il y avait Star-Lord, Drax le destructeur, Rocket le raton laveur, Gamora et Groot l'arbre géant. Les Gardiens de la Galaxie décidèrent de prendre Ken dans leur équipe parce qu'il savait faire du Kung Fu.

Groot transmit la moitié de ses pouvoirs à Ryu, qui pouvait se transformer et devenir un monstre géant à six pattes qui volait dans les airs, il pouvait donc combattre contre des monstres.

Ken et Ryu décidèrent de ne plus enlever leur armure car ils ne voulaient plus retourner dans leur monde d'origine. Ils devinrent des héros et firent partie des Gardiens de la Galaxie.

Iode et la sorcière magique – Emmy Aragon

Il était une fois une petite tablette de chocolat nommée Iode, qui était assis sur une chaise en train de bronzer sur une plage quand soudain…

- Iode ! Iode ! Réveille-toi ; tu es en train de fondre !

- Oh, mon dieu, je fonds ! Merci, mais… qui êtes-vous ?

Iode n'a même pas eu le temps de se retourner que cette mystérieuse personne avait déjà disparue. Sa sœur, qui voyait son frère au soleil, courut pour le secourir.

- Iode, mais tu es fou ou quoi ? Tu sais bien que tu fonds au soleil : Allez, viens maintenant, on rentre.

- Mais, mais…

- Il n'y a pas de mais, on rentre et j'appelle le médecin.

Iode soupira, puis écouta sa sœur et rentra avec elle.

- Oui, docteur. Je suis Mme Créer de Lith. Je vous appelle car mon petit frère Iode a eu un accident grave. Vous pouvez me recevoir en urgence ?

- Ben, je ne peux pas vous recevoir avant, attendez, disons quatorze heures, ça vous va ?

- Heu…

- Bon, ça va, maintenant !

- Merci !!!

Mais, en route, Iode se fit attraper par une personne pendant que Créer de Lith avançait toujours.

- Au secours !

- Chut ! Je te libère, si tu me promets de ne pas t'échapper, d'accord ?

- Hum, hum. Ah, merci. Mais, je vous ai déjà vue ? L'autre jour, sur la plage ! Qui êtes-vous ?

- Je suis la sorcière Lasca ! Et je vais t'aider à devenir humain. Tu veux ?

- Oui, oui, s'il vous plaît !

- D'accord !

Et la sorcière transforma Iode en un bel homme.

- Merci, madame Lasca.

- De rien. Allez, va retrouver ta sœur.

Et Iode alla voir le médecin en disant qu'une sorcière l'avait transformé en homme. Puis Iode et Créer de Lith rentrèrent chez eux.

Le fantôme du collège – Clara Mainaud

Il était une fois, une petite fille, qui était en sixième et qui n'avait pas beaucoup d'amis, qui n'était pas appréciée par les professeurs et qui se faisait harceler, quand soudain…

Elle était en cours de maths, puis ressentit un courant d'air alors que la fenêtre était fermée et le bureau de la professeure se referma. Soudain, une ombre noire apparut sur le mur du couloir, puis la sonnerie d'incendie retentit.

La porte de la classe était fermée à clé, le feu commençait à monter. La professeure se mit à paniquer mais le feu s'arrêta devant la porte de leur classe.

À la récréation, la petite fille se demandait ce qui s'était passé quand, soudain, une voix l'appela. Elle se retourna et ne vit rien. La voix l'appela de nouveau, elle se retourna encore et vit un fantôme qui lui dit : « Tu veux que je t'aide avec les autres filles ? »

La fille lui dit : « Qui êtes-vous ? »

Et le fantôme lui dit : « Je suis le fantôme de l'aide. J'aide les petites filles qui se font harceler. »

La petite fille était très heureuse et le fantôme montra à tout le monde ce que les autres filles lui avaient fait, puis il disparut.

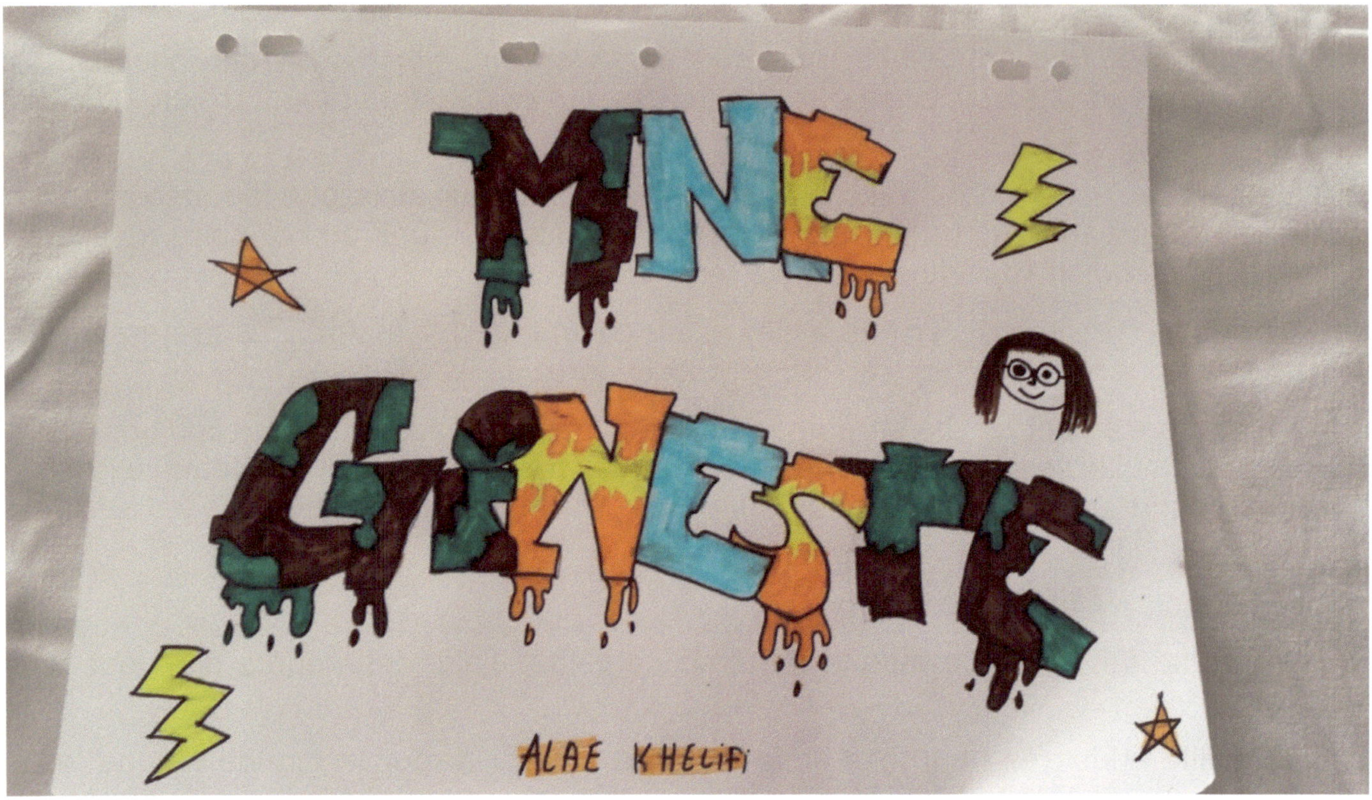
MME
GINESTE
ALAE KHELIFI

NABIL
#MDR
9x7=63
5x5=25
601=bo
bo+bo=
MME
GINESTE

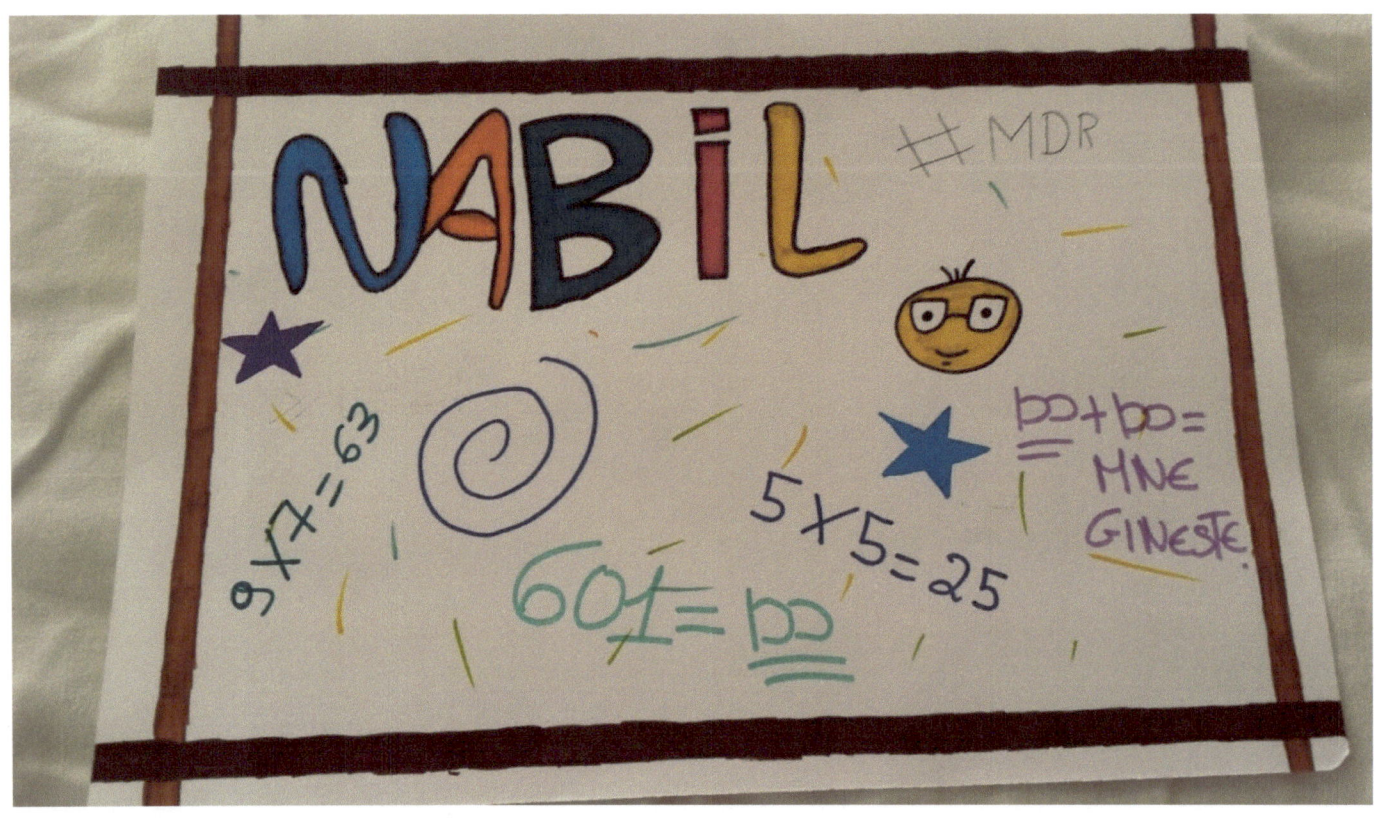

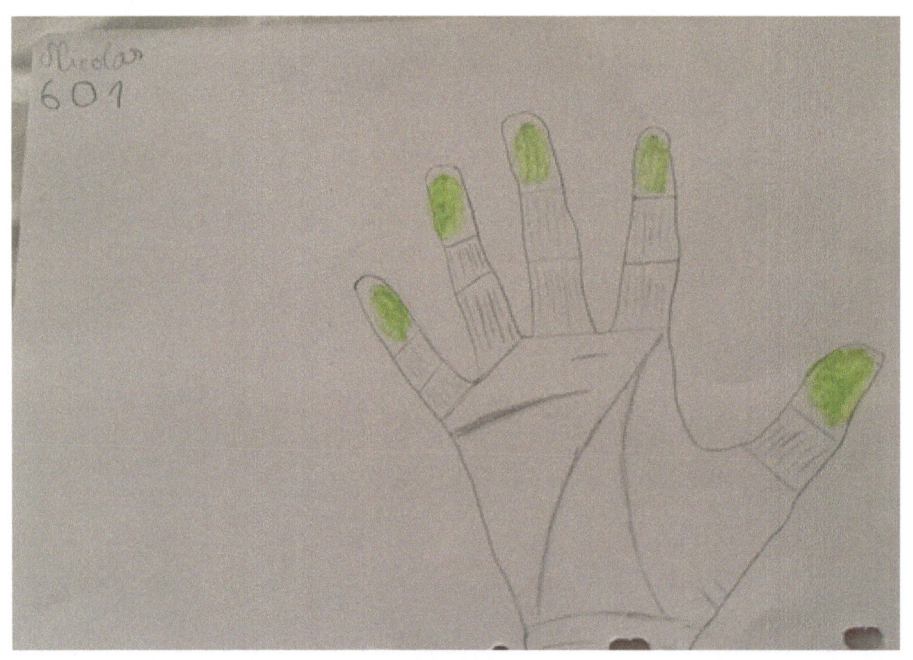

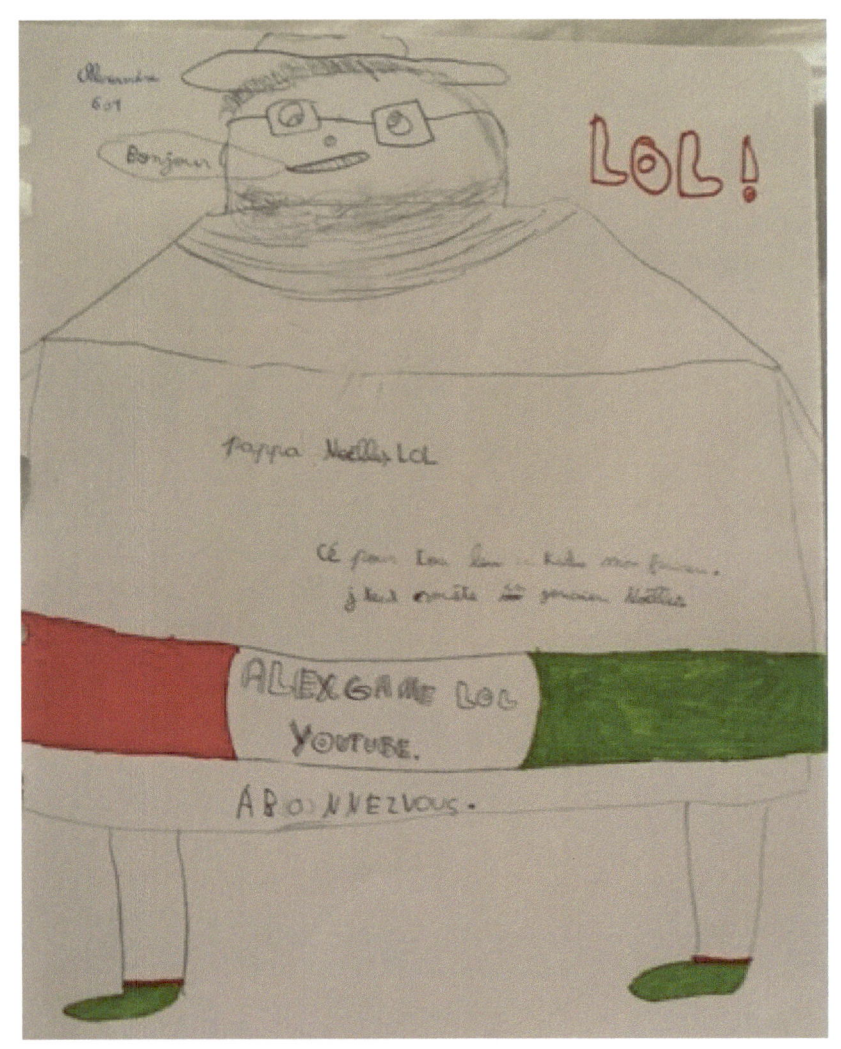

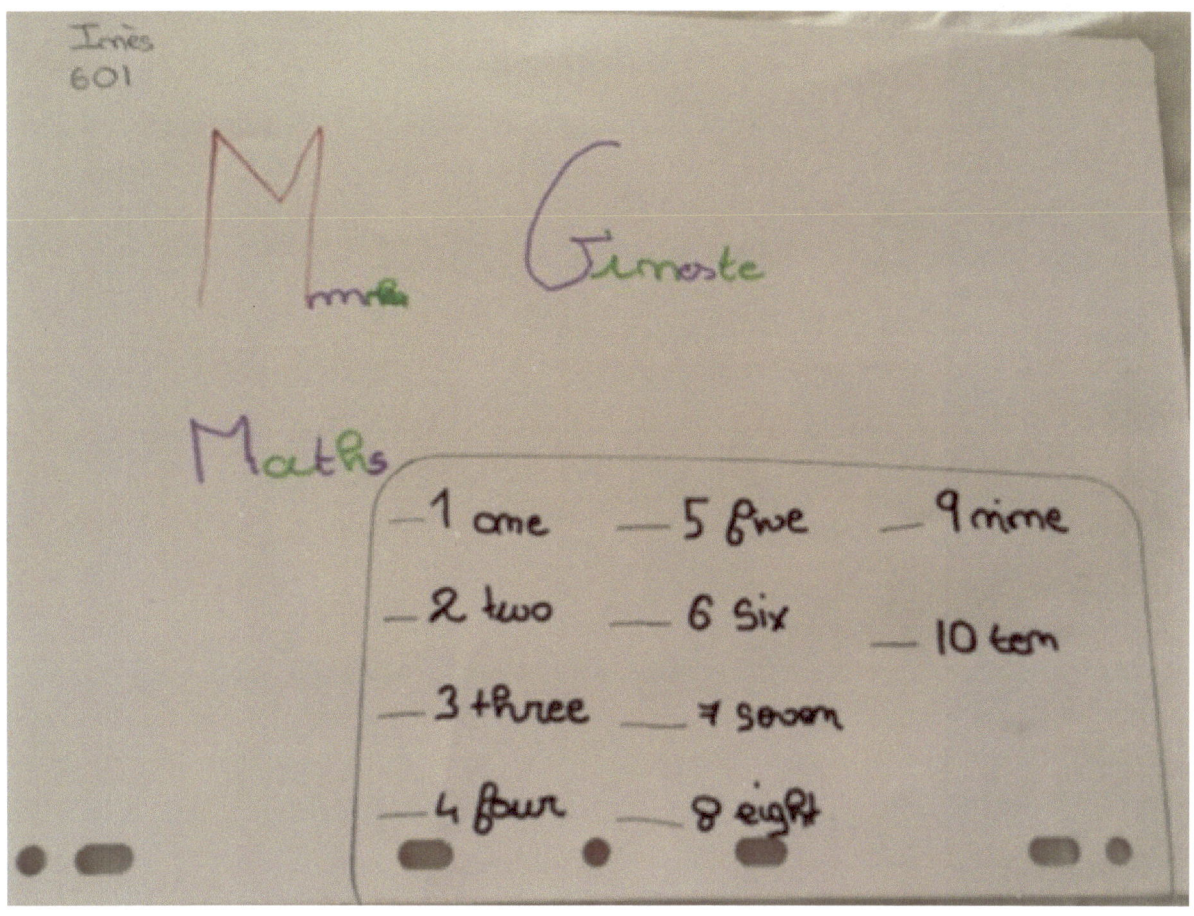

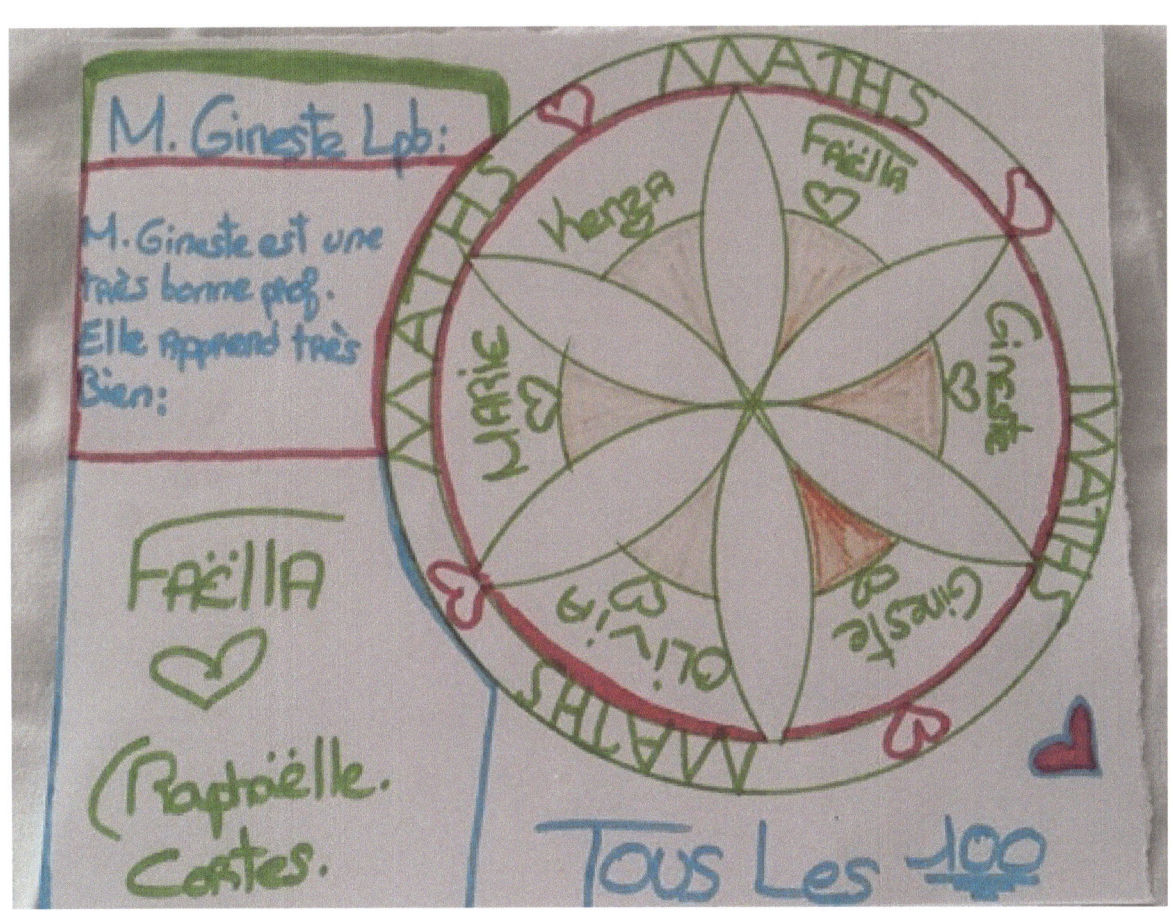

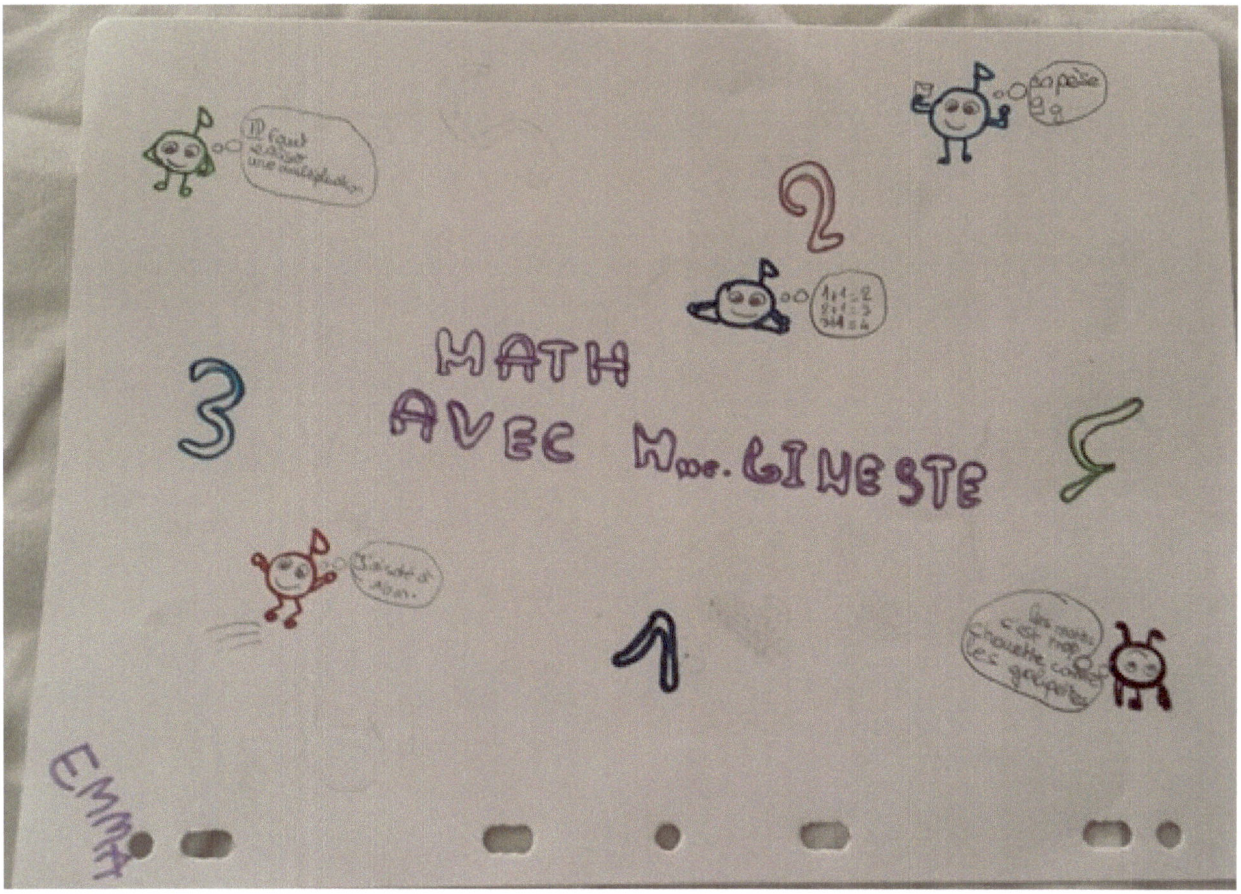
MATH
AVEC Mme. GINESTE
2
3
5
1
EMMA

YOUNÉS
HOUMMADA
601

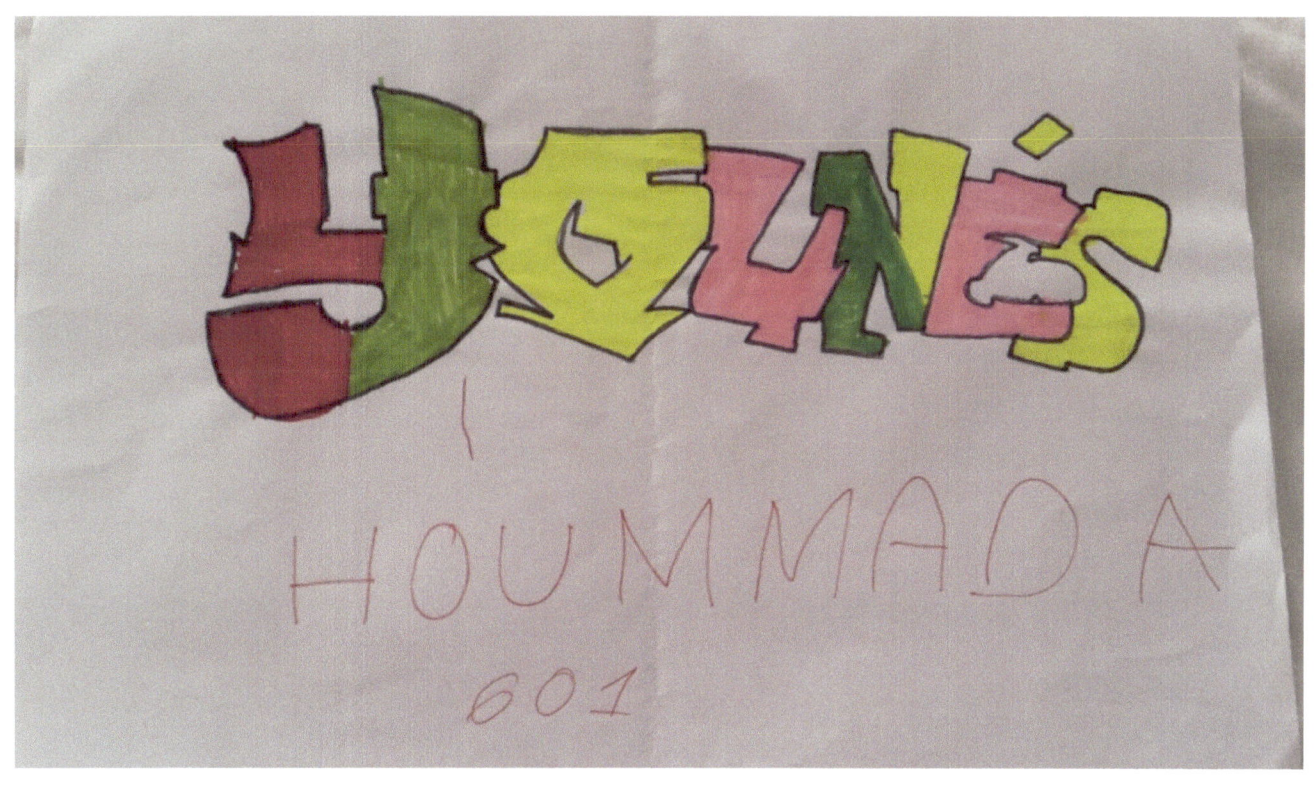

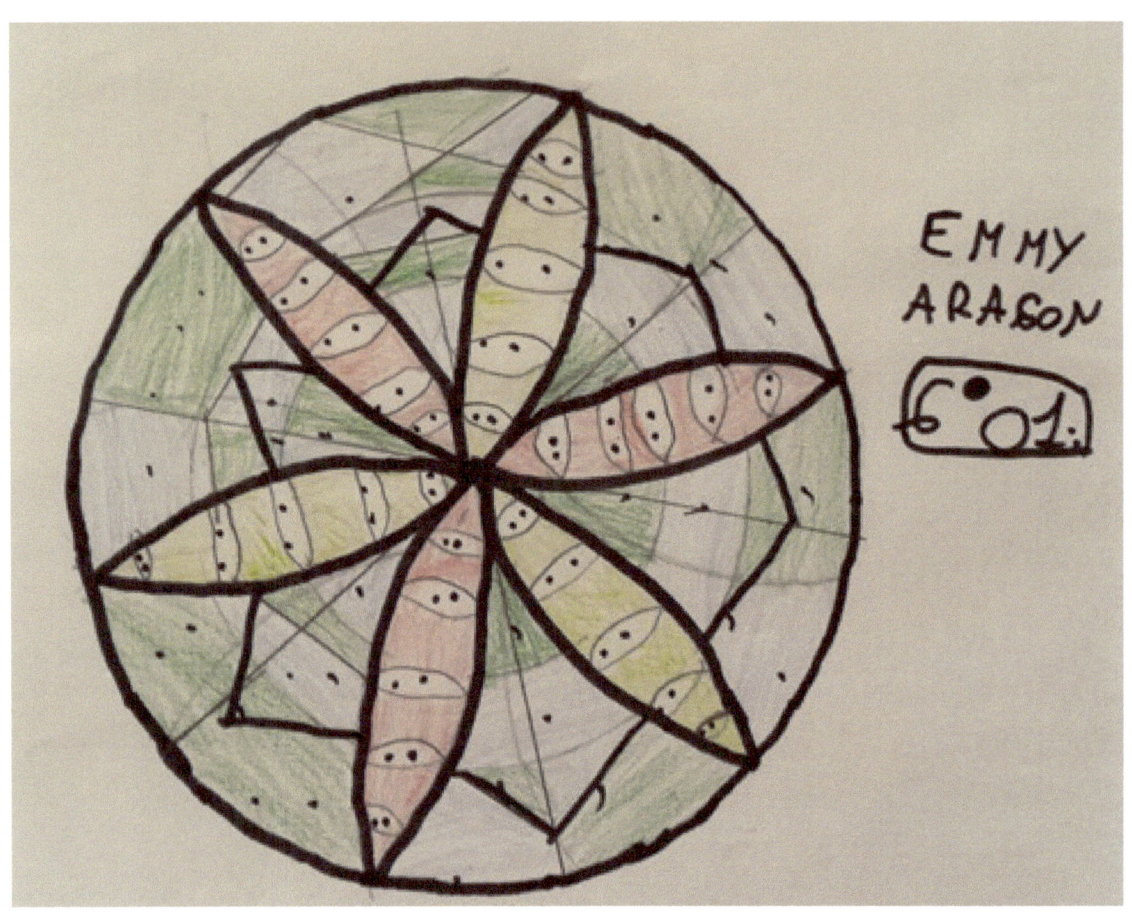

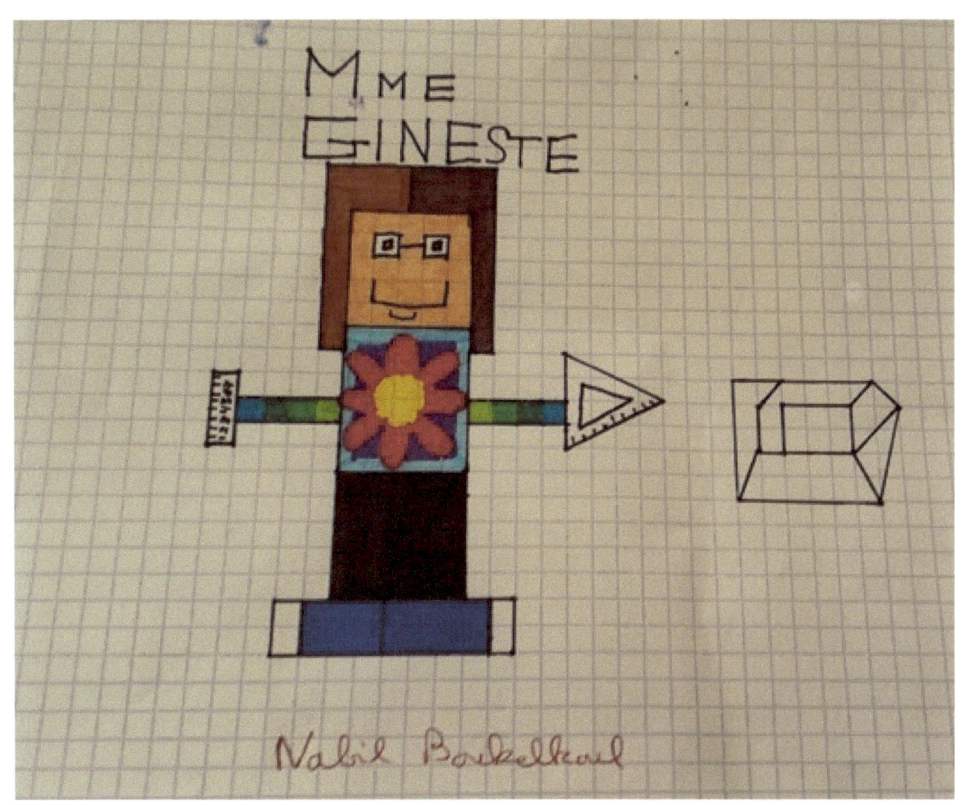

Emma